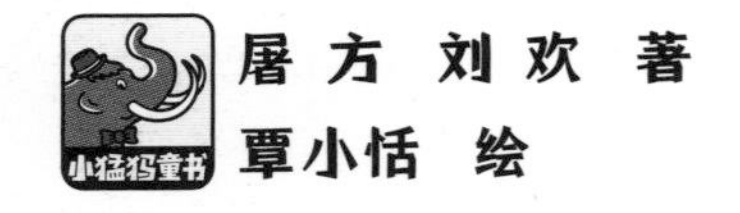
居方 刘欢 著
覃小恬 绘

你好，中国的房子

傣族的竹楼

電子工業出版社
Publishing House of Electronics Industry
北京·BEIJING

勤劳勇敢的傣族人民世代生息在我国的云南省，尤其是西双版纳的河谷坝区，更是傣族的聚居地区。

在这里，因受炎热、潮湿、多雨的气候影响，民居建筑需要保持凉爽和干燥。为此，傣族人民利用这个地区竹木繁茂的生态特点，就地取材，用竹子建造居住的空间，并称之为竹楼。

傣族的竹楼以方形居多。每到傍晚，在成片竹林的掩映下，晚霞的余晖映衬着一座座古朴别致的竹楼，竹楼如同开屏的火凤凰，翩然起舞，如梦似幻。

唐代诗人李嘉佑写过一首《寄王舍人竹楼》：“傲吏身闲笑五侯，西江取竹起高楼。南风不用蒲葵扇，纱帽闲眠对水鸥。”这首诗意蕴优美，短短四句话描写出竹楼的凉爽、舒适。

关于傣族竹楼有个美丽的传说。有一位叫帕雅桑目蒂的傣族青年心地善良，他很想给家人建一座房子，让家人远离风吹雨淋、闷热潮湿的居住环境。

有一天，他看到小狗淋雨，雨顺着狗身上的毛流淌下来。他受此启发，建了一个坡形的棚房。后来，天神化作一只凤凰来到他面前，两翅展开，双脚立地。他在凤凰的启示下把棚房的屋脊建成方便排水的“人”字形，把房屋建成上下两层的高脚房子，阻隔地面的潮气，美丽的竹楼就这样诞生了。

傣族人热情好客，客人来到竹楼作客时，傣族人用银钵端着浸有花瓣的水，用枝叶蘸水后轻轻洒到客人身上表示欢迎。傣族人还会在客人的手腕上拴根线，祝福客人吉祥如意、平安幸福。

动土盖竹楼是有讲究的，需要吉利的双日才可以动工。竹楼的构架非常简单，建造起来比较容易。不需要挖地基，不需要砌墙体，不需要建院落，只需用粗竹子做成屋架，在选定的地面上竖起，并在上方架上梁，骨架就完成了。

竹楼用木头和竹子做成桩、楼板、墙体，房顶覆以茅草、瓦块，有利于保持居室干燥、凉爽。

竹楼屋顶正脊短，屋顶宽而坡度陡，这是古代中国建筑常见的屋顶样式之一，被形象地称为歇山顶，就像戴了一顶宽大的帽子，具有良好的遮挡效果。

竹楼分上下两层，上层住人，下层圈养家畜，堆放农具杂物。进入竹楼，就会发现无论楼梯高低，台阶都为九级，因为九是傣族的吉祥数字。上层空间分为前廊、晒台、堂屋和卧室四部分。从楼梯上来，就直接进入了前廊和晒台，这里的空间宽敞明亮，人们可以在这里纺线、编织，也可以在此洗衣、乘凉，晾晒衣物、粮食等。

堂屋是竹楼的中心，比较开阔，是平常就餐和招待客人的地方。堂屋里设有火塘，火塘四周垒砌着砖石，火塘里的火常年不熄，傣族人在这里做饭、取暖、烘烤衣物。

卧室与堂屋之间有门相通，一家人同居一室。卧室里没有床，只在地板上铺上垫子，垫子上挂起帐子，按照长幼次序席地而睡。

竹楼有几根重要的柱子：家神柱、中柱、男柱和女柱，分别代表了不同的寓意。家神柱位于卧室内，包有白布，白布中放有芭蕉叶、甘蔗苗、蜡条和棉花条，是竹楼守护神居住的地方，也是祖先居住的地方。

家神柱两侧是代表男女的男柱和女柱。中柱在堂屋内，贴有彩色纸条，插有蜡条，平时不能随意倚靠和堆放物品，这是家中长辈身故后洗身和受礼时所倚靠的地方。

傣族是个很讲究的民族。进入傣族竹楼，要把鞋脱在台阶下；在屋内走路要轻；不能坐在火塘上方或者跨过火塘；不能用脚踏火；客人不能进入主人的卧室；不能坐在门槛上。

竹楼周围宽阔的庭院里种着多种植物，这些植物所开的花不仅美丽，而且味道鲜美。傣族人常吃的花有攀枝花（木棉花）、棠梨花、密蒙花、甜菜花、芭蕉花、苦凉菜花、刺桐花、金雀花、鸡蛋花、苦刺花等。

傣族人通过烧、煮、蒸、炒、凉拌等方法烹制这些花朵，做法五花八门，都非常美味。

傣族人村落周围有很多竹子，傣族人的生活也离不开竹子。

“宁可食无肉，不可居无竹”。傣族人常常将大米、鸡肉、香料等放入竹筒里，放在火塘上制作出香喷喷的竹筒饭。

傣族也是个离不开水的民族。每年四月中旬的傣历新年是傣族盛大的节日。

新年期间会举办三至五天的泼水节，男女老少身着盛装，走上大街小巷，用脸盆盛水互泼，孩子们拿着水枪嬉戏追逐。每个人从头到脚全身湿透，但都笑容满面，因为这是吉祥的水、祝福的水。

泼水节期间，还要在澜沧江上举行声势浩大的划龙舟比赛。热闹的锣鼓声、喝彩声响彻云霄。赛后人们将龙舟折散，放进佛寺的竹楼里保管，来年继续赛龙舟。

泼水节的夜晚，各村寨燃放自制的焰火，叫作放高升。傣族人选用整根竹子，在根部填以火药制成高升。燃放时，将高升置于竹子搭成的高升架上，点燃引线，火药燃烧，高升如火箭一般飞上云天，在空中绽放出绚丽的焰火，如花团锦簇、群星闪耀，光彩夺目，把节日的夜空装点得更加美丽。

图书在版编目（CIP）数据
你好，中国的房子. 傣族的竹楼 / 屠方, 刘欢著 ; 覃小恬绘. -- 北京 : 电子工业出版社, 2022.7
ISBN 978-7-121-43489-1

Ⅰ. ①你… Ⅱ. ①屠… ②刘… ③覃… Ⅲ. ①傣族—民居—建筑艺术—中国—少儿读物 Ⅳ. ①TU241.5-49

中国版本图书馆CIP数据核字（2022）第085049号

责任编辑：朱思霖
印　　刷：北京瑞禾彩色印刷有限公司
装　　订：北京瑞禾彩色印刷有限公司
出版发行：电子工业出版社
　　　　　北京市海淀区万寿路173信箱　邮编：100036
开　　本：889×1194　1/16　印张：22.5　字数：97.25千字
版　　次：2022年7月第1版
印　　次：2023年5月第4次印刷
定　　价：200.00元（全10册）

凡所购买电子工业出版社图书有缺损问题，请向购买书店调换。若书店售缺，请与本社发行部联系，联系及邮购电话：（010）88254888，88258888。
质量投诉请发邮件至zlts@phei.com.cn，盗版侵权举报请发邮件至dbqq@phei.com.cn。
本书咨询联系方式：（010）88254161转1859，zhusl@phei.com.cn。